真是令人大开眼界呀！

17 戏剧

［法］安娜－贝内迪克特·施维贝尔 编　欧瑜 译

中信出版集团｜北京

图书在版编目（CIP）数据

真是令人大开眼界呀！. 17, 戏剧 / (法) 安娜 - 贝内迪克特 · 施维贝尔编 ; 欧瑜译 . -- 北京 : 中信出版社 , 2023.11

ISBN 978-7-5217-5850-4

Ⅰ . ①真… Ⅱ . ①安… ②欧… Ⅲ . ①科学知识 - 儿童读物②戏剧艺术 - 儿童读物 Ⅳ . ① Z228.1 ② J8-49

中国国家版本馆 CIP 数据核字（2023）第 120257 号

真是令人大开眼界呀！ 17 戏剧

编　　者：[法] 安娜 - 贝内迪克特・施维贝尔
译　　者：欧瑜
出版发行：中信出版集团股份有限公司
（北京市朝阳区东三环北路27号嘉铭中心　邮编　100020）
承 印 者：北京尚唐印刷包装有限公司

开　　本：889mm × 1194mm　1/16　　印　　张：2.75　　字　　数：66千字
版　　次：2023年11月第1版　　印　　次：2023年11月第1次印刷
京权图字：01-2023-1613
书　　号：ISBN 978-7-5217-5850-4
定　　价：398.00元（全20册）

出　　品：中信儿童书店
图书策划：小飞马童书
总 策 划：赵媛媛
策划编辑：张婷
责任编辑：许美琳
营　　销：中信童书营销中心
美术设计：谢佳静
内文排版：王莹

目 录

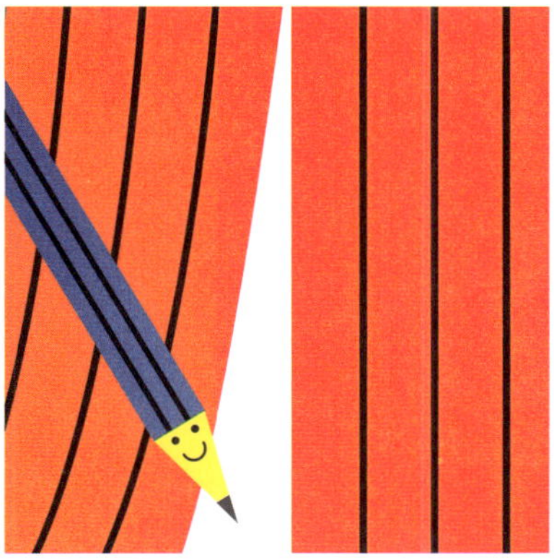

我是乔治，我出现在书中的各处，准备和你一起阅读。

■ 长故事 ■

爱哭的鱼宝

著者：奥赫·布迪

长颈鹿　　猪　　兔子　　蛇　　鱼

舞台上：室内场景。花园方向：一辆婴儿车。庭院方向：一盏灯。
靠右背景：一扇门。中间：一张餐桌和两把椅子。
长颈鹿女士和猪先生正在吃晚餐。

吃完了晚餐，长颈鹿女士抱起鱼宝，把他放在婴儿车里。
啵啵！
鱼宝咳嗽
鱼宝打嗝
鱼宝放屁
鱼宝打呼噜
鱼宝打喷嚏
然后……

鱼宝哭了起来。小哭，大哭，号啕大哭，哭得撕心裂肺……
哈姆雷特
直到哭得震耳欲聋，让人难以忍受。
耳朵都要聋了。
我甚至觉得已经无法忍受了。
哈姆雷特

长颈鹿女士犯了愁。
天哪！ 怎样才能让鱼宝安静下来？
忽然，她想到一个主意。
看起来是个有趣的主意。
唔！唔！
可她有点不敢做。
最终，她下定决心要试一试。
长颈鹿女士
即兴表演了
一段非同寻常、
无与伦比、
令人叫绝、
让人惊叹的
柔术
杂技。

鱼宝渐渐不哭了，但没过一会儿又开始放声大哭。满腹担忧的长颈鹿女士和猪先生寻思起来。
天哪，到底怎么回事儿？他是发烧了吗？是想吐？还是不高兴了？
生存还是毁灭，这是个问题[1]。
1 这句话出自猪先生最喜欢的戏剧《哈姆雷特》，由威廉·莎士比亚创作。
面对这个哲学问题，猪先生似乎找到了答案。他迈着坚定的步伐从庭院方向走下舞台。
我去找泰蕾兹。

泰蕾兹从庭院方向走上舞台。
噢，愤怒！噢，绝望！[1]
1 这句话出自长颈鹿女士最喜欢的戏剧《熙德》，由高乃依创作。
泰蕾兹看了一眼跟平时不太一样的鱼宝。
我就说！看来他是……长丘疹了！
我的天哪！快去找医生。
长颈鹿女士从花园方向走下舞台。

有人按门铃。泰蕾兹去开门。
你好，医生！

医生走进房间，把手提箱放在了餐桌上。
所以，宝宝就这样
哭个不停？！
呃，是鱼宝哭个不停。

来瞧瞧他怎么了。首先，听诊一下……
哎哟！
呼噜！
然后喂药。
第一步，喝几滴药……
第二步，捂一会儿……
第三步，睡觉！现在，你们想办法让他睡觉吧！

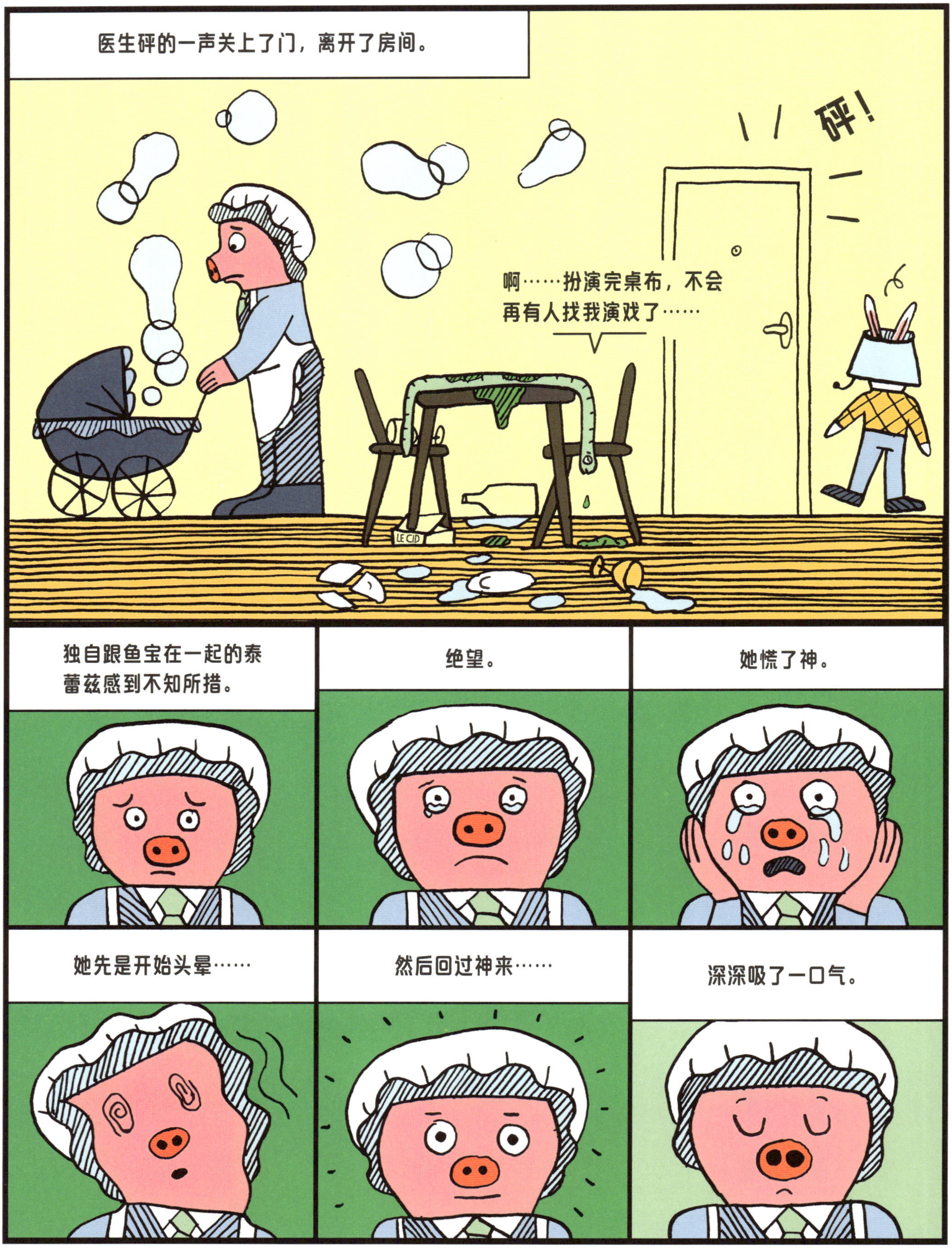
医生砰的一声关上了门，离开了房间。
啊……扮演完桌布，不会再有人找我演戏了……
砰！
LE CID
独自跟鱼宝在一起的泰蕾兹感到不知所措。
绝望。
她慌了神。
她先是开始头晕……
然后回过神来……
深深吸了一口气。

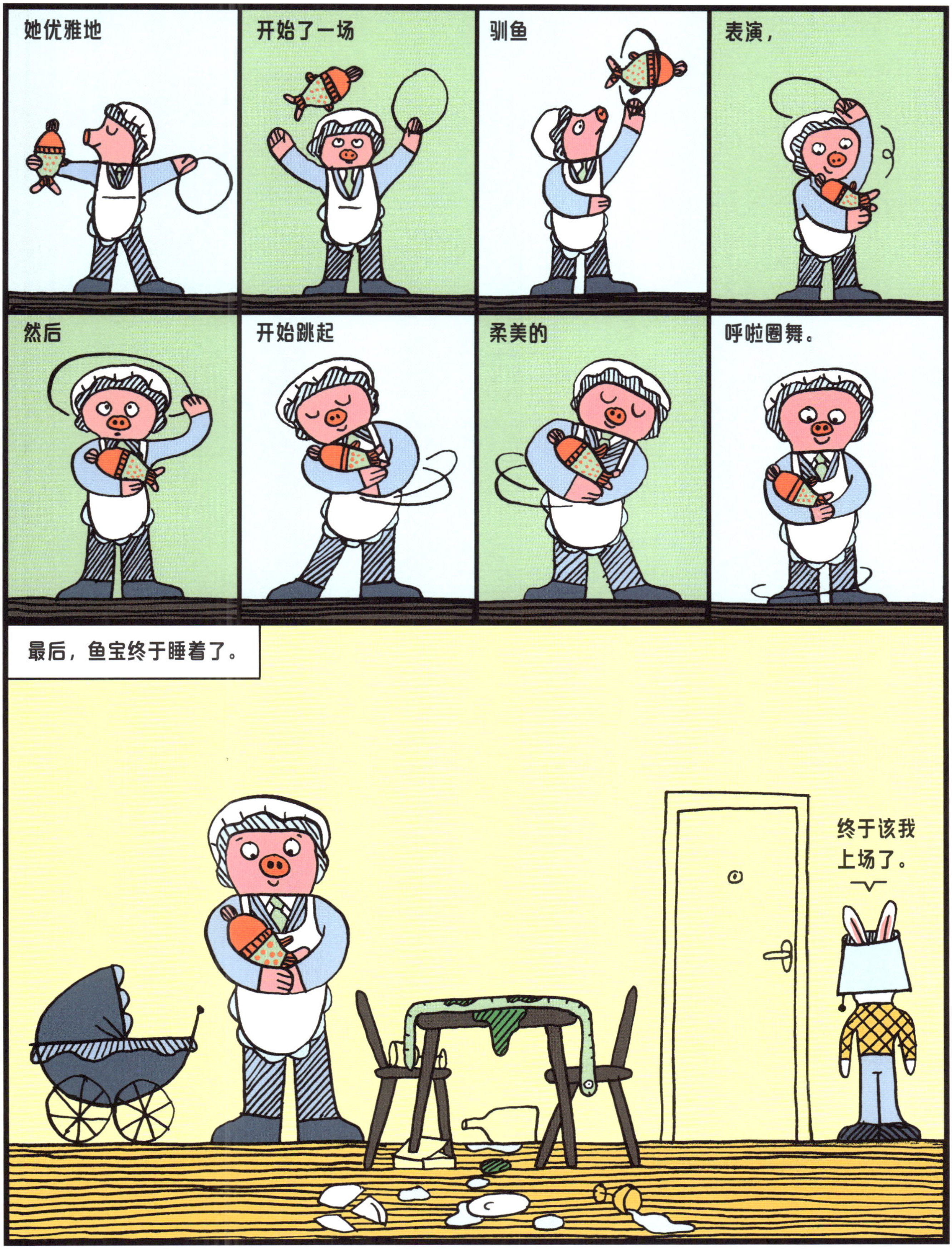

她优雅地
开始了一场
驯鱼
表演，
然后
开始跳起
柔美的
呼啦圈舞。
最后，鱼宝终于睡着了。
终于该我
上场了。

沉默。
好吧，我开演了。
啪嗒！
黑暗。
幕布。

鱼访谈

文本与绘图：奥赫·布迪

在看过《爱哭的鱼宝》之后，乔治希望采访扮演鱼宝的鱼。虽然乔治知道鱼是看不出年龄的，但他知道了鱼的真实年龄后还是大吃了一惊……

在这部戏里，你扮演的是个小婴儿。但在准备这次访谈的时候，我发现你已经33岁了！

鱼 作为演员，第一件事就是要知道怎么成为另一个人。我之前从来都没有扮演过婴儿，可我曾经也是一尾“鱼苗”。在扮演鱼宝的过程中，我尝试唤醒沉睡在身体里的那尾鱼苗，把自己变成一个婴儿。这是一个虚构的角色。

这是你第一次跟这个剧团合作吗？

鱼 我跟乔治公司有过合作。我曾经出演过他们的剧目《沙丁鱼》。而且，扮演长颈鹿和猪的演员跟我是老朋友了。我们曾经在同一所学校读书。“猪”教会了我化妆，“长颈鹿”教会了我屏气。多亏了“长颈鹿”，我才能在鱼缸外面表演。

你更喜欢古典戏剧还是现代戏剧？

鱼 我闯荡过不少地方，我认识很多导演。我演过古典戏剧、现代戏剧，还演过喜剧、悲剧、街头戏剧、马戏、哑剧、舞剧，甚至还有木偶戏！如果要选择的话，我会感到很为难，因为这些都是戏剧。而这恰恰就是戏剧的伟大之处！比如出演莫里哀的戏剧，想象一下这些台词四百多年来被念诵过成千上万次，实在是很奇妙。我感觉自己是这段伟大历史中的一部分。

在你告诉父母你想要成为演员的时候，他们有什么反应？

鱼 这种情况从来都没有发生过。要是我父母知道我是演员的话，他们会把“鱼缸”给打翻的！他们以为我是银行家。我让他们相信这一点已经20年了，这是我一生中最重要的角色！

邦比和高里为您献上《驴和狼》

文本与绘图：玛丽·诺维昂

小小恐怖剧院

可剧本里不是这么写的呀!
我稍微发挥了一下，要不然就没意思了……
这可是恐怖剧院，要有动作，要吓人!
那悬念呢?
我演的驴可以骗过你演的狼!
不可能，驴都很笨。
驴很聪明，这是经过科学验证的!
但狼还是会把它们吃掉……
呸，这个戏不是用来展示食物链的。
这就是食物链。
那到底谁说了算?
扔硬币看正反面来决定吧!
狼先生，咱们来扔硬币决定怎么样?
好的，驴子!
反面的话，你就吃了我；正面的话，你就放我一条生路!
咕噜……
我准备好了，扔吧……
悬念达到了顶点!
反面!
反面!
完

戏剧史上的一名知名女演员

文本：樊尚·雅多　　绘图：塞维里·米耶

从最初的角色直到去世，伟大的戏剧演员莎拉·伯恩哈特的一生可谓跌宕起伏。乔治邀请你一起去发现这位决心不再被人视而不见的女演员的传奇故事！

莎拉·伯恩哈特本名为亨丽埃特·罗西纳·贝尔纳（Henriette Rosine Bernard），1844年出生在巴黎。莎拉的母亲既没有时间也没有意愿独自抚养她，于是把她交给了一个住在布列塔尼的保姆，莎拉在那里度过了童年和青春时光。

莎拉不是很漂亮，她身材瘦削，长着一头厚厚的红发。村里的男孩都笑话她那头红发。但当她回到巴黎开始尝试戏剧表演的时候，所有人都对她刮目相看，因为她能演好各种各样的角色，甚至包括男性角色！莎拉很有个性，工作非常努力，布景、服装、台词……所有的事情她都亲力亲为。

就这样，她进入了法兰西喜剧院，并在巴黎最有名的剧院中演出。她钟爱角色死去（如有可能，慢慢死去）的戏份。扮演这样的角色是她的专长之一。她很快就以莎拉·伯恩哈特这个名字成为戏剧界响当当的人物。

莎拉懂得如何让自己成为报刊的头条和巴黎人饭桌上的谈资。这就是大明星！当她穿着长达几米的裘皮大衣走进餐厅时，没有人能把目光从她的身上移开。她通常会在裙子上挂一个用金链子串起来的活金龟子，出门时几乎总会带着她的那几只在龟壳上镶嵌着宝石的乌龟。她在家里还养了几条鳄鱼。有一天，其中一条鳄鱼把她的宠物狗当成点心吃掉了！为了成为记者们谈论的话题，她曾被拍到躺在棺材里睡午觉。人们争相购买印有她照片的明信片和跟她同名的香水。

莎拉是一名伟大的演员，她在当时是世界知名的女演员。人们把她称为“金嗓子”，她是最早展开世界巡演的演员之一。19世纪80年代，她开始带着自己的剧团前往世界各地演出。她甚至拥有一辆专列，用来运送她养的动物和50多个用来装帽子、衣服和鞋的行李箱。她的戏剧演到了澳大利亚、俄罗斯、南美……在北美，印第安人和牛仔都来观看她的演出。他们虽然听不懂台词，但依然对莎拉的演出难以忘怀，要知道，莎拉在演出时只讲法语。

在第一次世界大战爆发时，莎拉已经70岁高龄，而且少了一条腿（她在一次排演意外中失去了这条腿），但她依然通过戏剧和电影表达自己对法国和美国军队的支持。

1923年3月26日，莎拉离开人世。巴黎所有的剧院都在这一天停演，大街小巷满是为她哭泣的粉丝。

■ 游戏1 ■

艺术家登场

绘图：贾科莫·巴尼亚拉

欧洲戏剧发端于古代希腊祭祀大典上的歌舞表演。古代希腊每年会举行几次为期几天的祭祀大典。在那几天，所有人都会去剧院为酒神狄俄尼索斯庆祝。人们甚至在剧院里吃饭，为的就是不错过演出！

A. 帮助乔治找出两幅图画中的15个不同之处。

那个时候主要有两种类型的戏剧：喜剧（让人发笑的剧目）和悲剧（让人悲伤的剧目）。在悲剧中，演员脚穿厚底鞋，而在喜剧中，演员则脚穿平底凉鞋。

B. 根据上文，可以判断这幅画中描绘的是：

☐ 喜剧 ☐ 悲剧

■ 游戏2 ■

要诗意的舞台，不要绿色的舞台！

绘图：贾科莫 · 巴尼亚拉

剧院里一片混乱：首演就在今晚，可是什么都没准备好呢！

A. 根据下面的描述找出画面中对应的人物，并在白色的圆片上写上对应的序号。

1. 妮娜是舞台总监。她负责确保剧目的顺利进行（布景转换、演员入场等）。

2. 阿尔贝是导演。他选择并指导跟剧目有关的一切（演员、台词、布景、服装等）。

3. 碧丽是演员。她饰演一个剧中人物。

4. 佐拉是灯光师。她负责整场演出的舞台灯光，她在控制间里控制灯光。

5. 埃米尔是化妆师。他负责为演员化妆。

6. 朱莉是服装师。她设计或挑选服装。

7. 伊戈尔是音响工程师。他负责与音响相关的所有工作（演员声音音质、背景音乐、环境音等）。

8. 茱莉亚是布景师。她负责设计并制作布景。

9. 夏尔是机械师。他负责安装并拆卸布景。

B. 在剧院中禁止使用绿色的元素，因为据说这会带来厄运。请你在开演前赶快用另一种颜色涂盖所有的绿色元素！

C. 在西方的剧院里最好不要说两种不吉利的东西。想要知道答案，请你把下面的第1、3、5个方格涂黑，然后把剩下的拼音字母拼一拼，再猜一猜它们是什么。

1:	A	S	B	H	D	E	N	G
2:	E	X	F	I	D	A	N	

①常见的说法为：这两种东西多与不好的寓意相关，比如中世纪时，剧团演员因为穷苦而偷窃食物会被处以绞刑。还有比如，“绳”特指在火灾时用来放水的“拉绳”，当时还用蜡烛照明，所以火灾频发。“线”的禁忌就等同于“绳”的禁忌。但凡剧团里谁说了这两个字犯了忌，就得请大家喝一轮酒。

■ 游戏3 ■

排好队!

绘图：斯特凡妮 · 拉纳

齐治已经打扮成狂欢节小丑了。这个人物源自意大利即兴喜剧，这种喜剧形式诞生于16世纪初的意大利。

▶ 小丑的衣服上布满了菱形图案。请为每种有不同标识的菱形图案选择一种对应的颜色，并为小丑上色。为了方便对号入座，你可以先将选好的颜色填涂在小丑右侧的矩形中。

■ 游戏4 ■

叮！手工时间到了！

小朋友们，

一起来动手玩一玩吧！

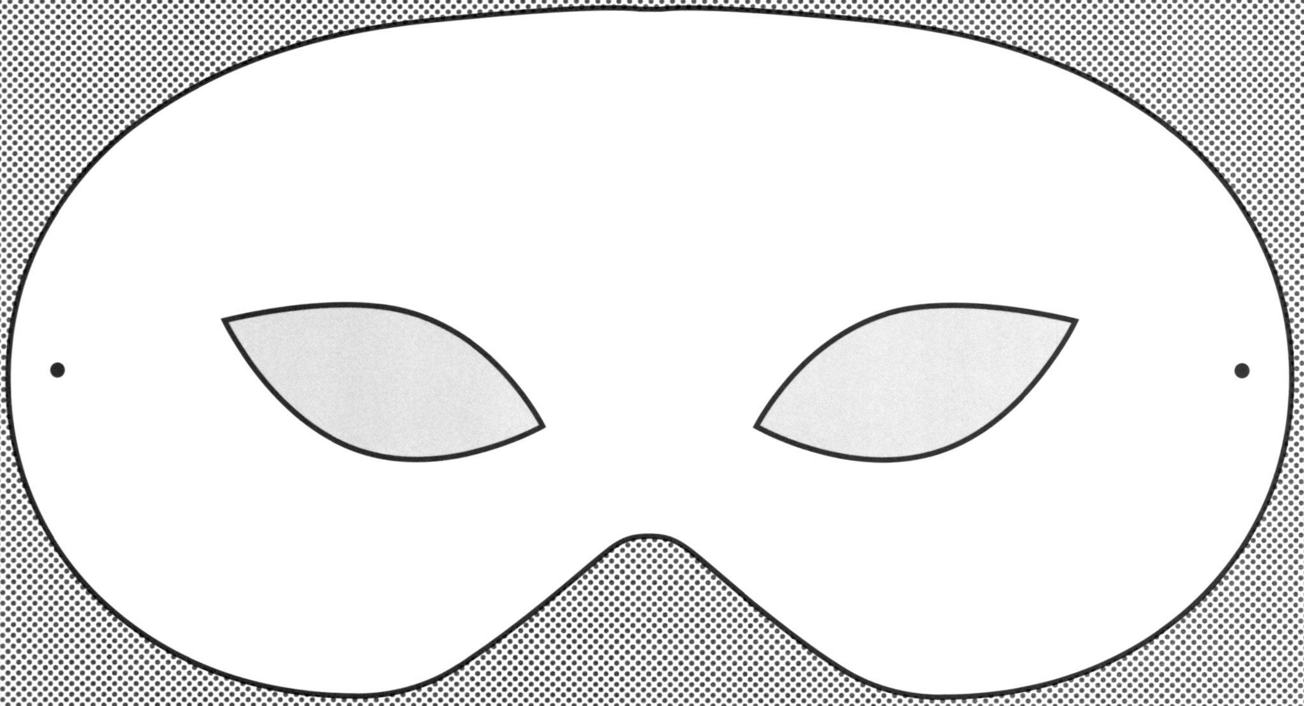

在上页中有两个面具，你可以用第一个面具装扮成小丑，也可以装扮成复仇者。
至于第二个面具，就由你来给它上色吧！

所需材料：

一把剪刀、弹力绳、一根针。

操作方法：

A. 将上一页沿虚线剪下。

B. 将第二个面具涂色，可以用马克笔或彩色铅笔来涂色。

C. 剪下面具。

D. 掏空面具的两只眼睛。可以稍稍折起面具，然后用剪刀在灰色部分的中心剪一个小洞。再继续剪下眼睛的轮廓。

E. 用一根针扎穿面具两侧的小黑/白点。

F. 剪一截弹力绳，长度足够从左眼的外缘绕过脑后到右眼的外缘。

G. 在这截弹力绳的一端打个结，然后把绳子从前面穿进面具侧面的一个小孔中。

H. 现在，把弹力绳的另一端穿过第二个小孔，再打个结，但在打结之前请检查弹力绳的长度是否合适。

I. 现在，戴上面具，剧目可以开演啦！

游戏5

剧情突变

绘图：封印杰克

下页是一张戏剧海报，这出戏剧就在乔治公司附近的剧院上演。

A. 西蒙娜有几个关于这出戏剧的问题。现在请你给这些问题选择正确的答案。

1. 剧院的名字？
2. 剧目的名字？
3. 剧目的作者？
4. 导演？
5. 女演员？
6. 男演员？
7. 剧院所在街道的名字？

A 《脚》
B 安妮·基尼农
C 鲸鱼街
D 索菲娅·罗佐瓦尔
E 乔治维尔剧院
F 尼古拉·莫莫勒
G 马丁·塔马尔

B. 乔治从报纸上剪下几则由看过这出戏剧的记者撰写的评论，也就是这些记者对这出戏剧的想法。请按照从“好评”到“差评”的顺序排列这些评论。

_ _ _ _

1：

尽管安妮·基尼农很有表演天赋，但这出戏看起来很长……我差点就在结束之前离开了。

——《乔治电视报》

2：

《脚》，太棒了！所有的一切都非常出色，赶紧去看看吧！

——《周三日报》

3：

演员演得太差了，音乐震耳欲聋……一句话，别去看！

——《角角康康舞》

4：

这是一出悦目的戏剧，可惜音乐声太吵。

——《乔治维尔期刊》

C. 这些评论有什么共同之处？请勾选正确的答案。

☐ **a.** 在所有的评论中都有表示身体部位的词语。
☐ **b.** 在每则评论中，“我”字都出现了3次。
☐ **c.** 这些评论说的都是同一出戏剧。

《脚》
尼古拉·莫莫勒作品
安妮·基尼农和
马丁·塔马尔主演
索菲娅·罗佐瓦尔
导演
2018年4月5日至27日，
每周星期四和星期五晚上8点
乔治维尔剧院，鲸鱼街11号
订票电话：08 22 44 62 37

■ **游戏6** ■

在桥上

绘图：法妮·博朗

乔治参加了街头戏剧节。戏剧节的演员们很专业，他们在展示自己的绝活。

A. 哪个方块中的图案不属于这幅画面？

1.  **2.**  **3.**  **4.** 

B. 你知道每年7月在法国的哪个城市会举行盛大的戏剧节吗？这个传统已经延续了70多年。

□ 阿维尼翁（Avignon） □ 布雷斯特（Brest） □ 第戎（Dijon）

C. 乔治拍了这张照片，还跟西蒙娜讲了他在戏剧节上的见闻。下列选项中描绘的场景，能在画面中**看得到的**，勾选**蓝色方框**；在画面中**看不到的**，勾选**粉色方框**。

a. 小丑是猴子的朋友：□ □

b. 一个身上有彩绘的男子在耍杂技：□ □

c. 一个人拿着一台照相机，另一个人拿着一本书：□ □

d. 那个长腿女子是比利时人：□ □

e. 老鼠人有点冷：□ □

f. 有两个人扮成了一匹马：□ □

■ 职业万花筒 ■

场景设计师

文本：樊尚 · 雅多　绘图：斯特凡妮 · 拉纳

在黑暗的剧院里，乔治有点害怕。但当灯光亮起时，范妮 · 加梅让他放下心来。范妮是法国国家大众剧院的场景设计师。

乔治 **听到三声枪响时，我害怕了！**

范妮 没事的，这很正常，你在戏剧舞台上呢。

乔治 **你不是剧院演员吗？**

范妮 不是，我是场景设计师……我负责设计并制作布景。

乔治 **你小的时候会给你的玩具设计布景吗？又或者你曾有过一个木偶剧院？**

范妮 没有，我小时候的梦想是成为一名兽医！

乔治 **那你是怎么接触到戏剧的呢？**

范妮 我是在艺术氛围中长大的。我父亲是音乐家。我从小就喜欢绘画……而且，父母还鼓励我去看各种展览。我还有个叔叔在电影院工作，就是在跟他聊天的过程中，我决定进军戏剧界。于是我学习了艺术。

乔治 **你都学了什么？**

范妮 我学习了设计和制作布景、戏剧舞台后台的运转、营造空间，以及仿制木头、石头、墙纸等材料。

乔治 **然后呢？**

范妮 我在2001年的一天敲开了剧院的大门，我被法国国家大众剧院录用了。

乔治 **你在一出剧目中的具体工作有哪些？**

范妮 我当然要先仔细阅读剧本，以便开始设计布景，然后我会跟导演讨论，沟通我们的想法。接下来，我会研究材料、光线、空间。我无论去哪里都随身带着卷尺，为的是丈量舞台上的一切。我还在家里的床头柜上放了一个本子和一支铅笔，以备我在睡觉的时候灵感突发。最后，我把布景模型展示给演员、建造布景的工坊负责人、首席画师、灯光师和服装师等。

乔治 **这份工作最吸引你的是什么？**

范妮 跟团队一起工作，为一出戏剧创造能够吸引观众的神奇场景。

乔治 **你有其他的爱好吗？**

范妮 有空的时候我会去看电影，去逛博物馆……当然也会去剧院看戏剧啦！

乔治 **你的孩子喜欢什么呢？**

范妮 我的小女儿喜欢做手工，还喜欢动物。她时常来剧院，但是将来不想在剧院里工作。

乔治 **对于想成为场景设计师的孩子，你有什么建议吗？**

范妮 保持好奇心，观察周围的一切，尤其是要多多动手！

5米

绕口令

绘图：斯特凡妮·拉纳

戏剧演员必须练习演讲，也就是练习口头表达的功夫。比如，为了说话时口齿清晰，一些演员会反复练习绕口令。乔治邀请你也来试试。

知识点

绕口令也被称为“绕舌头”、“拗舌头”或是“急口令”。你只要念念下面的绕口令就知道为什么了。

游戏

1. 高声地连续念诵几次下面的绕口令，能念多快就念多快！

2. 为了丰富练习的方式，你可以尝试悄声念诵、大声念诵、唱着念诵。你还可以和一个或几个人轮流念诵。

1. 红凤凰，黄凤凰，红粉凤凰，粉红凤凰，花粉花凤凰。

2. 吃葡萄不吐葡萄皮，不吃葡萄倒吐葡萄皮。

3. 氢气球，气球轻，轻轻气球轻擎起，擎起气球心欢喜。

4. 八百标兵奔北坡，炮兵并排北边跑，标兵怕把炮兵碰，炮兵怕碰标兵炮。

5. 白石塔白石搭，白石搭白塔，白塔白石搭，搭好白石塔，白塔白又大。

6. 河里有只船，船上挂白帆，风吹帆张船向前，无风帆落停下船。

7. 这是蚕，那是蝉，蚕常在叶里藏，蝉常在林里唱。

8. 一平盆面，烙一平盆饼，饼碰盆，盆碰饼。

9. 老龙恼怒闹老农，老农恼怒闹老龙。农怒龙恼农更怒，龙恼农怒龙怕农。

10. 瓜棚挂瓜，瓜挂瓜棚。风刮瓜，瓜碰棚。风刮棚，棚碰瓜。

11. 出西门走七步，拾到鸡皮补皮裤。是鸡皮补皮裤，不是鸡皮不必补皮裤。

12. 车上有个盆，盆里有个瓶，乒乒乒，乓乓乓，不知是瓶碰盆，还是盆碰瓶。

13. 老唐端蛋汤，踏凳登宝塔，只因凳太滑，汤洒汤烫塔。

14. 小良放羊遇见狼，狼想吃羊怕小良。小良打狼救小羊，狼死羊活靠小良。

15. 兜里装豆，豆装满兜，兜破漏豆。倒出豆，补破兜，补好兜，又装豆，装满兜，不漏豆。

在16把棕椅子上晾干13颗草莓

戏剧勺木偶戏台

绘图：斯特凡妮·拉纳

下面你来试试扮演巧手的工匠和导演吧！为此，你需要制作一个木偶戏台，这是一个用来演木偶戏的小小剧院。然后制作一把戏剧勺子，勺子的一面表现快乐，一面表现悲伤，这样它们就可以演出很多精彩剧目啦！

所需材料：

1个约60厘米 x 65厘米的硬纸箱
2把木勺（或更多）
胶带
1把裁纸刀
绘画颜料

制作方法：

木偶戏台：

1. 请大人帮忙：

· 拆下硬纸箱的顶部和底部。

· 如有必要，剪开纸箱的侧面，使其宽度约为29厘米。

· 然后在中间的纸箱表面上剪出一个矩形（右图中的蓝色部分），大小约为45厘米 x 30厘米。矩形必须水平居中。而高度要剪得足够高，这样才能藏住摆弄木勺的手。

2. 现在，请你用颜料或铅笔涂画，或是通过粘贴彩纸等方法来装饰戏台。

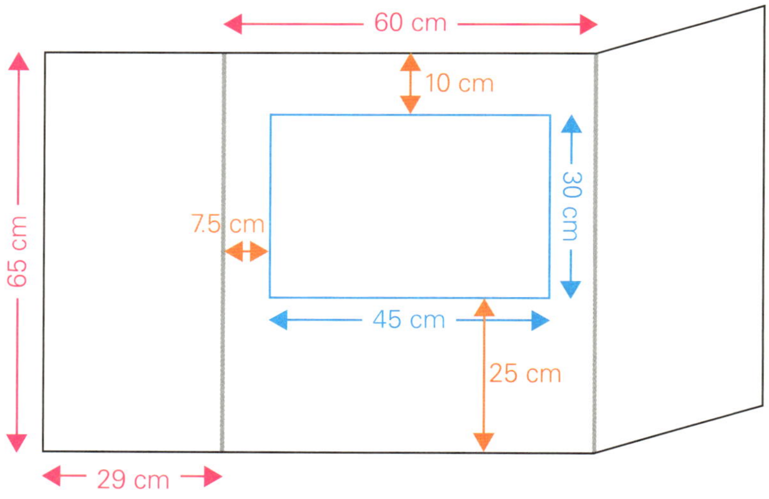

勺子：

勺子必须是干净和干燥的。你可以按照下面的步骤涂绘2把勺子：

1. 把一小段胶带缠绕在勺柄上（图中的灰色部分），这样就形成了一段清晰的边缘。

2. 首先，挑选一种颜色涂绘勺子的凹面，然后晾干。

3. 在勺子的凹面画（或粘）上双眼和微笑的嘴。

4. 选另一种颜色涂绘勺子的凸面，然后晾干。

5. 撕下胶带，然后在勺子的凸面画上双眼和悲伤的嘴。

6. 当然了，你还可以添加其他的元素或装饰。

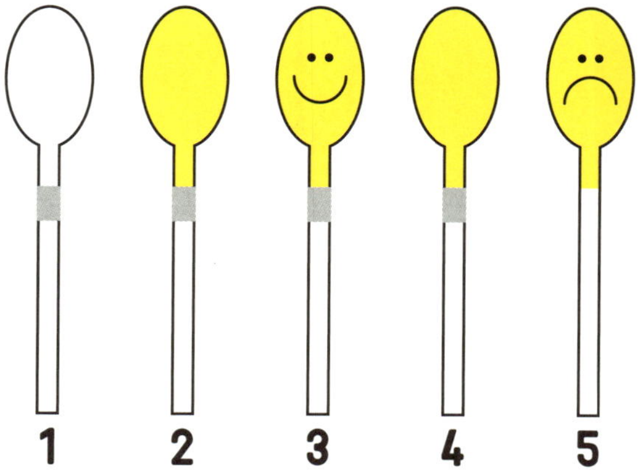

待一切准备就绪时：把木偶戏台放在桌子上。你拿着勺子站在戏台的后面（尽量不要让观众看见你）。如果你不知道怎么用勺子演戏，你可以从一本书或一部电视剧中寻找灵感。最重要的是，不要忘记在勺子们变换表情时翻转勺子！

哦，罗密欧，罗密欧！
为什么你是罗密欧？

在这里，蓝色勺子扮演的是朱丽叶，

她是威廉·莎士比亚的著名作品《罗密欧与朱丽叶》中的人物。

为了扮演这个角色，蓝色勺子的头上贴了一绺黄色的毛。

无病呻吟

绘图：斯特凡妮·拉纳

直到今天，莫里哀的戏剧仍然是在法国上演次数最多的作品！乔治推荐给你的是一段莫里哀创作的最后一部戏剧作品，即创作于1673年的《无病呻吟》。这部芭蕾舞剧讲述的是富翁阿尔冈的故事，他以为自己一直在生病，他做的事情只有就医和吃药。他甚至希望女儿嫁给那些给自己看病的医生的儿子，这样他就可以得到更好的照顾！

人物

- **阿尔冈**：一直都在担心自己的健康，没有意识到身边的一些人（比如医生）只是想要他的钱。
- **端乃特**：阿尔冈的女仆，她负责照看阿尔冈和他的家人。

剧情

在这幕戏中，端乃特装扮成医生。她想让主人对治疗产生厌恶感。

对白

端乃特：谁是您的医生？

阿尔冈：布恭先生。

端乃特：我笔记本里伟大医生的名单里可没有这个人。他说您哪儿生病了？

阿尔冈：他说是肝脏，其他医生说是脾脏。

端乃特：这些医生都是无知之辈，您生病的是肺部。

阿尔冈：肺吗？

端乃特：是的。您感觉如何啊？

阿尔冈：我时不时会头疼。

端乃特：就是了，确实是肺。

阿尔冈：有时候我的眼前就像蒙了一层纱。

端乃特：是肺病。

阿尔冈：我有时候会心口疼。

端乃特：是肺病。

阿尔冈：我有时候感到四肢无力。

端乃特：是肺病。

阿尔冈：有时候我还会肚子疼，就像肠绞痛一样。

端乃特：是肺病。您胃口好吗？

阿尔冈：好着呢，先生。

端乃特：是肺病。您喜欢喝点小酒吗？

阿尔冈：是的，先生。

端乃特：是肺病。您在饭后会感到困吗？您睡眠还好吗？

阿尔冈：是的，先生。

端乃特：是肺病。医生嘱咐您吃什么了吗？

阿尔冈：他让我喝汤。

端乃特：无知。

阿尔冈：吃家禽。

端乃特：无知。

阿尔冈：吃小牛肉。

端乃特：无知。

阿尔冈：喝肉汤。

端乃特：无知。

阿尔冈：吃新鲜鸡蛋。

端乃特：无知。

阿尔冈：让我晚上吃点李子润肠。

端乃特：无知。

阿尔冈：还特别嘱咐我喝点烈性兑水的葡萄酒。

端乃特：无知、无知、无知。您应该喝纯葡萄酒；为了让您过于稀薄的血液变得稠厚，您必须吃大块牛肉、大块猪肉、大块荷兰奶酪、燕麦片和米饭，还有栗子和橡子，这样才能让血液变黏稠。您的医生真愚蠢。

医生嘱咐您吃什么了吗？
无知。
无知。
他让我喝汤。
吃家禽。

游 戏 答 案

这就是封面和封底的

7个不同之处：

游戏1 艺术家登场

A. 参见右图。

B. 图中描绘的是悲剧，可以从厚底鞋看出来。

游戏2 要诗意的舞台，不要绿色的舞台！

A. 参见下图。

B. 参见下图。

C. 1：SHENG，绳。

2：XIAN，线。

游戏5 剧情突变

A. **1**－E **2**－A **3**－F **4**－D **5**－B **6**－G **7**－C

B. 2 4 1 3

C. c

游戏6 在桥上

A. 第4个小方块。

B. 在阿维尼翁。

C. 勾选**蓝色方框**的选项：b、c和f。勾选**粉色方框**的选项：a、d和e。

真是令人大开眼界呀！

18 野营

［法］安娜－贝内迪克特·施维贝尔 编　梁李 译

中信出版集团 | 北京

图书在版编目（CIP）数据

真是令人大开眼界呀！. 18, 野营 /（法）安娜－贝内迪克特·施维贝尔编；梁李译. -- 北京：中信出版社，2023.11
ISBN 978-7-5217-5850-4

Ⅰ. ①真… Ⅱ. ①安… ②梁… Ⅲ. ①科学知识－儿童读物②野营（军事体育）－儿童读物 Ⅳ. ① Z228.1 ② G873-49

中国国家版本馆 CIP 数据核字（2023）第 120000 号

GEORGES-DRÔLE DE MAGAZINE POUR ENFANTS/N° CAMPING

真是令人大开眼界呀！ 18 野营

编　　者：[法] 安娜－贝内迪克特·施维贝尔
译　　者：梁李
出版发行：中信出版集团股份有限公司
（北京市朝阳区东三环北路27号嘉铭中心　邮编　100020）
承 印 者：北京尚唐印刷包装有限公司

开　　本：889mm × 1194mm　1/16　　印　　张：2.75　　字　　数：69千字
版　　次：2023年11月第1版　　印　　次：2023年11月第1次印刷
京权图字：01-2023-1613
书　　号：ISBN 978-7-5217-5850-4
定　　价：398.00元（全20册）

出　　品：中信儿童书店
图书策划：小飞马童书
总 策 划：赵媛媛
策划编辑：张婷
责任编辑：许美琳
营　　销：中信童书营销中心
美术设计：谢佳静
内文排版：王莹

目 录

第一部分 故事篇 / 2

第二部分 游戏篇 / 18

第三部分 五花八门 / 32

我是乔治，我出现在书中的各处，准备和你一起阅读。

■ **长故事** ■

阿拉玛思一家

故事编写：埃勒蒙·祖贝

每周四，阿拉玛思一家人都守候在电视机前，观看他们喜爱的电视娱乐节目，看看他们一家是否赢得了梦想中的旅游大奖。